动物建筑师

[波] 艾米丽娅·齐乌巴克 著、绘

俞佳 译

中国轻工业出版社

目 录

动物们的家……………………………………………4
动物房屋的建材………………………………………6
开放型鸟巢……………………………………………8
封闭式鸟巢……………………………………………12
大型封闭式鸟巢………………………………………14
藏在洞穴中的鸟巢……………………………………16
啄木鸟的家……………………………………………18
鸟类社群………………………………………………20
唾液做的燕子窝………………………………………22
鸟类室内设计师………………………………………24
昆虫之家………………………………………………26
蚁族的建筑……………………………………………30
白蚁的家………………………………………………34

蜘蛛的家	36
它们的壳是家吗	40
家的伪装	42
哺乳动物的地下家园	44
鼹鼠的家	48
水中建筑	50
河狸的家	52
服务动物的人工设施	54
临时的家	56
来自动物世界的灵感	58
人类的"同居者"	60
保护森林——保护动物朋友的家园	62

动物们的家

和我们人类一样，在动物王国里，也可以遇到各领域的专家。本书主要聚焦动物界的建筑师、设计师、工程师、结构师等。我们将一起了解动物们不同寻常的家园，如地下城市、地上建筑、水上房屋。既有只能容纳一家人的小窝，也有大型社区。事实上，动物们都是很聪明能干的建筑师。书中各种建筑旁边的鹅卵石图标，将会重复出现，便于你轻松找出每一种房屋的类型。

地面房屋

地下房屋

地上房屋

动物房屋的建材

树干、树枝

石块、石子

树叶

秸秆、草叶、种毛纤维等

泥巴（黏土）

苔藓、地衣

贝壳

蜘蛛网

沙子、泥土

唾液

人类的废弃物

羽毛、羽绒、鬃(zōng)毛、兽毛

开放型鸟巢

知更鸟

知更鸟的巢一般筑在地面上，通常在植被茂密的地方。它们在筑巢时会用腐烂的叶子、植物纤维和苔藓。巢的内部会垫上细小的羽绒和羽毛。

红额金翅雀

红额金翅雀的巢位于高高的树冠上，它们在筑巢时会用到细小的羽毛、草叶和植物纤维，然后用植物茸毛、羊毛把这些材料编织在一起。巢的内部铺有植物茸毛、鬃毛和细羽毛。

夜莺

夜莺使用干草、藤木的茎和腐烂的叶子在地面或低矮的灌木丛中筑巢。巢的内部铺着草叶和草根。

乌鸦

乌鸦的巢是由新折断的树枝做成的，通常建在高高的树冠上。巢内贴着混合了草和苔藓的黏土，还铺垫着干草和羽毛。

大苇莺

大苇莺在水面上筑巢,它将植物纤维(有时是丝线或蜘蛛网)与狭长的芦苇叶紧密编织在一起筑成巢。它们的巢附着在几根芦苇上,巢壁与芦苇的茎缠绕在一起。巢内衬着松软的芦花。

金黄鹂

金黄鹂在高高的树杈中间筑巢。它的巢是篮子形状的,由干草、植物纤维、白桦树皮和羊毛制成,巢里铺垫着松软的草和羽毛。

赭红尾鸲

赭红尾鸲(qú)常在屋檐下或墙的缝隙中筑巢,这样它们的家就不容易被雨淋到。它们用草和根茎筑巢。巢的内部衬有厚厚的羽绒和羽毛。

家燕

家燕喜欢在人类屋檐下筑巢,有时也会在桥下筑巢。它们的巢由混合了粪便和唾液的泥土筑成,并用草叶或稻草进行加固。等巢的泥坯干燥后,再在巢内铺上羽毛和其他动物的毛。

吸蜜蜂鸟

体长只有约 5 厘米的吸蜜蜂鸟是世界上最小的鸟类。它们小小的巢是用植物纤维和蜘蛛网加固的苔藓筑成的,巢内铺着羽绒、兽毛和植物纤维。雌鸟负责筑巢、孵蛋和照顾幼鸟。

白头海雕

白头海雕的巢穴是世界上最大的鸟巢之一，巢的高度和宽度可达数米，常建在巨大的老树上，通常靠近水源。巢由粗大的树枝制成，巢内凹陷较浅，内衬有草、树皮和绒毛等。白头海雕的巢可以使用数年。但是由于巢很重而且位于树顶，经常会被暴雨或大风损坏。因此，白头海雕平均每 5 年就需对巢穴进行修缮或重建。

鹰鸮

鹰鸮（xiāo）喜欢占据针叶树上其他大型鸟类（如黑鹳、秃鹰等）的旧巢。它们会在旧巢内铺上干草、树叶和苔藓。有时，它们也会用树枝、草和苔藓在浅坑中自己筑巢。鹰鸮的巢住着住着，里面就会添进很多动物的皮毛和羽毛，那是被它们吃掉的猎物留下的。

鹳

　　鹳（guàn）常常选择在高处筑巢，如在高高的电线杆、烟囱或大树上。它们的巢穴呈圆形。筑巢时会使用长而干燥的树枝分层建造，中间用细细的树枝交织固定。巢内有一个相当大的空腔，里面铺着厚厚的干草、纸、绳子或破布等。鹳的巢会用很多年，并且会逐年向上扩大。

非洲水雉

　　非洲水雉（zhì）的巢漂浮在水面上，结构很简单：通常是一个由植物松散排列而成的平台。巢内只有雄鸟负责孵化鸟蛋和照顾幼鸟。

鹗

　　鹗（è，别名鱼鹰）最喜欢在老树的顶部筑巢，通常是在松树顶部。它们使用粗大的、排列密实的树枝筑成巢。巢内浅而平，内衬干草、苔藓和树皮，此外，还经常会有鱼的残骸。有时，鹗也会选择陡峭悬崖的海岸或电线杆作为它们的栖息地。它们也很乐于占用人工修建的鸟巢，因此人类可以通过修建鸟巢的方式，鼓励鹗迁徙到新的地方。鹗的巢穴一般会使用数年，每年它们都会进行翻新和扩大。

封闭式鸟巢

鹪鹩（jiāo liáo）圆形的巢由大片干燥的叶子和绿色的苔藓做成。这些巢常常被藏在云杉和刺柏的新枝中，也可能在灌木丛中或折断的树枝堆中，又或是在倒下的树木中。巢内铺有细小的羽毛。

= 鹪鹩

= 长尾隐蜂鸟

缝叶莺

缝叶莺用针一样的喙，在两片相邻的大叶子边缘打孔，然后用植物纤维、茸毛和蜘蛛网将它们缝合在一起。它们有时也会卷起一片大叶子或是把一片大叶子两头缝起。那些做成巢的叶子虽有细小损伤，但仍能保持绿色和活力。

长尾隐蜂鸟

雌性长尾隐蜂鸟在大片叶子（例如芭蕉叶或蝎尾蕉叶）的末端建造巢穴，巢穴是用植物纤维和蜘蛛网建成的。它们可以一边飞行一边完成筑巢的部分工作。它们用蜘蛛网包裹住巢穴，把网的末端夹在喙中，绕着巢飞行。巢穴被拉得很长，这种长长的"尾巴"在风中可以稳定住巢穴。

= 棕灶鸟

棕灶鸟

棕灶鸟在树干、树枝、柱子上筑巢，有时也在房子的屋顶上筑巢。雌鸟和雄鸟会一同用加了草或其他植物纤维的黏土筑成巢。巢壁在阳光照射下变得又厚又硬，就像石头一样。巢的结构类似于侧面开了一个小口的封闭容器。雌鸟会在巢内衬上草和羽毛。虽然棕灶鸟的巢穴非常耐用，但是它们每年仍会建造新的巢穴。

白颈岩鹛

白颈岩鹛（méi）的巢穴建在洞穴或岩石壁上，形状像一个封闭的碗，上部有一个狭窄的入口，就在墙壁的边缘。白颈岩鹛夫妇用泥浆和植物纤维的混合物筑巢，并用植物的根茎进行填充。它们的巢会重修多次，并重复使用。白颈岩鹛喜欢与同类居住在一起，它们会形成小的群居部落。

长尾山雀

长尾山雀主要使用苔藓和植物纤维筑巢。它们用地衣和破碎的蜘蛛网来加固巢穴。其巢穴是从底部开始建造的，建成典型的卵形巢穴，开口在顶端的收口位置。巢内衬着厚厚的羽毛。

攀雀

攀雀用交织着杨絮和柳絮的植物枝条筑巢。如果是在早春筑巢，主要使用的是枝条，所以巢看起来是灰色的。如果是在晚春筑巢，则杨絮和柳絮占比更多，因此巢看起来是白色的。它们把巢挂在柳树或杨树的树枝末端，先建一个袋状结构的巢，再建一个下垂的连廊作为入口。

橙顶灶莺

橙顶灶莺的巢穴是由雌鸟来搭建的，通常建在地面上，隐藏在落叶中。橙顶灶莺用干叶子、草、树枝和树皮筑巢，巢的形状像一个扁平球，侧面有一个入口。巢内衬有苔藓和茸毛。

麻雀

麻雀在建筑物的夹缝或屋顶下筑巢，有时它们会占据废弃的燕子窝或人工巢箱，有时也会把巢筑在鹊巢的下面。麻雀的巢穴由稻草、干草、绳子、纸片等制成，看起来像个乱糟糟的草球。巢的内部衬有厚厚的羽毛（主要是家禽的羽毛）。

大型封闭式鸟巢

橙脚冢雉

橙脚冢雉雏鸟

橙脚冢雉蛋

鸟巢内部剖面

　　橙脚冢（zhǒng）雉的巢穴堆是大型鸟巢之一，它高达 3 米，直径约 10 米。橙脚冢雉的体型并不比家鸡大，但它们的巢穴尺寸却十分惊人。橙脚冢雉的巢是由树枝、树叶、砾石和沙子组成的锥形土丘，那里是它们的孵化器。建筑材料的腐败发热为蛋的孵化提供理想的温度。因此，橙脚冢雉本身并不孵蛋，而是为蛋的孵化创造适当的条件。在整个孵化期间，它们控制孵化堆内的温度，并根据需要添加或减少筑巢材料。孵化出的雏鸟必须足够强壮，才能够独立从土堆中挖掘出一条到达地表的通道。

　　锤头鹳也是一个大型鸟巢的拥有者。这种鸟体型中等，它们的鸟巢重约 50 千克，高达 1.5 米，直径约 2 米。在开始施工前，锤头鹳会选择适当的树杈。巢的底部由树枝、粗树杈、树叶、羽毛、芦苇、兽毛等材料建成。底部建造完成后，留一个入口的空间，然后使用较小的树枝建造屋顶。最后，再建造一条约 60 厘米长的通道通往巢箱，巢箱内铺有潮湿的土壤。

锤头鹳

有一种鸟为了后代的安全,会把自己封在巢里。这种鸟是犀鸟,准确地说,是犀鸟科的雌鸟。犀鸟在其他鸟类废弃的树洞中筑巢。找寻巢穴的工作必须认真细致,因为犀鸟科属大型鸟类(比如图中所示的大犀鸟,身长超过 1 米)。在找到一个合适的巢穴洞后,雌鸟用消化过的食物、锯末、泥土和自己的粪便把洞口封起来。当洞口较大时,雌鸟进入洞中,并在雄鸟的帮助下从内部把洞口封住,只留一个很小的开口,用于进食和清扫巢内的垃圾。在整个孵化期间,雄鸟喂养雌鸟。对雌鸟来说,把自己封在洞里是比较危险的,但这是为了保护自己和雏鸟免受敌人的攻击。在雏鸟从蛋中孵化出来的过程中,雌鸟会大量掉毛,并把毛铺在巢穴中。三个多月后,雏鸟长大一点时,雄鸟会啄开洞口,把雌鸟放出来,然后重新砌筑洞口,让幼鸟在安全的环境下成长。

藏在洞穴中的鸟巢

崖沙燕

剖面图

崖沙燕在筑巢选址时会特别选择河岸旁垂直的沙质悬崖。它们用喙啄碎沙块,然后用后脚趾上方特殊而坚硬的羽毛把啄碎的沙块扫走。它们用这种方法,挖出一个略倾斜的、约60厘米长的水平隧道。在隧道的尽头,它们会挖出一个"房间",在房间中用干草和羽毛筑巢。崖沙燕属于群居鸟类,因此,它们会和同类相邻筑巢。有的崖沙燕种群需要迁徙,它们会十几对甚至超过100对一同迁徙。

翘鼻麻鸭

翘鼻麻鸭喜欢在海岸的高崖上筑巢,常使用狐狸、獾或兔子废弃的洞穴,有时也在树根下或倒下的树洞中筑巢。洞穴的深度通常1~4米。入口被灌木或长的很高的草遮蔽。如果是一个较大的狐狸洞,几只雌性翘鼻麻鸭可能会在同一个洞内筑巢。在建造巢穴时,它们使用干草,有时还掺入海藻,并在巢内垫上厚厚的羽绒。

洞口

翠鸟

　　翠鸟的家在河流或湖泊旁垂直、干燥、沙质的陡坡上。它们通常在被悬垂的树根或树枝遮蔽的地方筑巢，筑巢时首先避开树根和石头，然后啄出一条水平隧道，隧道的出口略微向下倾斜。在隧道的尽头就是它们的巢穴，里面排列着一些未消化的鱼骨和昆虫的壳，它们用这些东西的腥臭味道吓退猎食者。

几维鸟

　　几维鸟的巢隐藏在被挖出来的洞中，巢内衬有柔软的草、树叶和苔藓。几维鸟会在洞内用树叶和小棍子遮住入口。雌鸟只在巢中产一个蛋，蛋很大，重量甚至可以达到雌鸟自身重量的1/4。

啄木鸟的家

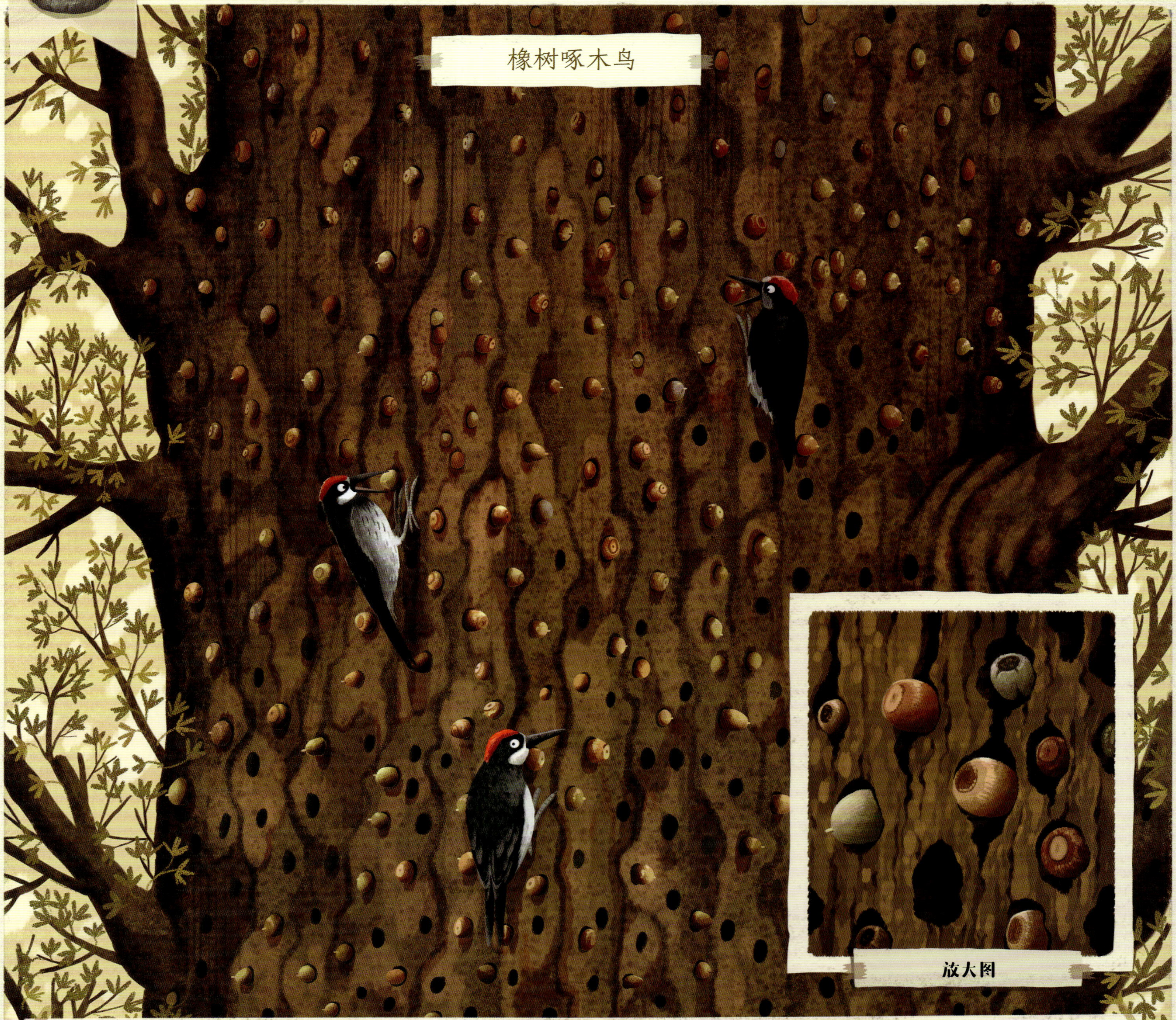

橡树啄木鸟

放大图

　　橡树啄木鸟并不是把所有的注意力和精力都放在筑巢上,而是专注于建设独特的食品储藏室。你可能并不会把一棵大而有孔的树和一只这么小的鸟关联在一起,但橡树啄木鸟打洞的数量,绝对会让你惊叹。它们会选择树皮柔软的死树或老树,在上面打出许多大小与橡果直径差不多的洞。它们为收集的每一颗橡果寻找一个与之大小完全匹配的洞。洞不能太大,因为橡果会掉出来,但也不能太小,那样会损坏橡果的表面,使其容易腐烂。橡树啄木鸟的橡果储备非常多,需要整个家族不间断地照顾。它们需要保护好橡果,如果某只橡果变干、收缩了,就必须将它移至较小的洞中。

大斑啄木鸟

大斑啄木鸟夫妇会在自己挖出的洞中筑巢,它们每年都会挖一个新的洞。洞穴会选择挖在又大又老,但有生命的树木上,且最好是有空心的树木。它们挖洞大约需要 3 周的时间。洞内部有在啄洞过程中形成的木屑。

剖面图

红冠啄木鸟

红冠啄木鸟很善于保护它们的洞穴免遭侵犯!它们会在有生命力的针叶树木上筑洞,这样可以确保凿洞时产生的树脂不会干涸。因为洞口处滴落的树脂可帮它们防止蛇之类的小型捕猎者入侵。

鸟类社群

黄胸织布鸟

筑巢的步骤

剖面图

黄胸织布鸟是一种群居的鸟类。它们的聚居地有 20~30 个独立的巢穴，通常位于金合欢树或棕榈树的高处。这种鸟生活在干旱地区，干草是它们筑巢的主要材料。黄胸织布鸟巢的形状非常独特，这主要和制造技术有关。雄鸟用强壮的喙从棕榈叶上撕下长而干燥的叶片纤维来建造巢穴。它们像编篮子一样筑巢，从巢的上部开始编，到底部连廊的部分结束。连廊长达 50 厘米，它可以保护雏鸟免受捕食者的伤害。雌鸟负责布置巢的内部，它们会在底部放置黏土块使巢更稳定。

群居织巢鸟

巢的形状

休息室

雏鸟室

不同形状的织巢鸟巢

群居织巢鸟的巢穴非常巨大，大到可以容纳约 500 只织巢鸟共同居住。这些巢的高度能超过 1 米，长度可达 7 米。织巢鸟居住在沙漠里，白天高温肆虐，晚上异常寒冷，因此，它们大部分时间会躲在巢穴中。织巢鸟的巢可以使用多年，往往由几代织巢鸟不断翻新扩建、共同筑造。屋顶是巢穴的公共部分，通常是由草和树枝建造而成。屋顶下面是由长长的草叶做成的巢区，巢内衬有柔软的草、羽毛，偶尔还有一些织物的碎片。每个家庭的父母和助手（它们通常是这对夫妇的成年子女）都有自己的房间。新成对的织巢鸟夫妇也会为它们的幼崽筑造新的房间。那些房间并不是连在一起的，这样每个小家庭都能保留隐私。但相邻巢穴之间的距离并不远，这让它们更有安全感，且便于相互帮助照料幼鸟。织巢鸟的巢穴中也会住进其他物种，比如非洲树蛇，为了客居在织巢鸟的巢穴中，它们会帮助织巢鸟抵御外敌。

唾液做的燕子窝

白腹金丝燕

燕窝做的汤

　　白腹金丝燕生活在巨大的聚居地里,它们会选择黑暗的大型洞穴筑巢,那里有时甚至有上百只同类。它们用自己的唾液筑巢。首先,它们将第一层唾液黏在壁上,做成巢穴的轮廓,接下来再上其他层,这一层一层的唾液凝结后,就会形成一个固定在洞壁上的半透明的、船形的"桶"。这个"桶"非常稳固,可以容纳它们的身体,也可以放下它们的鸟蛋。金丝燕的巢也被称为"燕窝"。在我国,这是一种特殊的食材,可以用来煮汤。

毛脚燕

毛脚燕的巢穴最常安在岩石缝隙或人类的家门口，比如窗角、阳台或飞檐下，巢的上方总是有遮挡的。毛脚燕选好地方后，会用嘴叼着一团泥和唾液进行混合，再将混合物一点一点地黏在粗糙的墙壁上。每完成一个平面后，它们会等待这个平面干燥，然后再继续进行下一步的筑巢工作。筑好的巢呈独特的篮子形状，上部有一个小开口。巢内有一层厚厚的干燥细草和茸毛。毛脚燕喜欢聚集在一起筑巢，巢与巢之间靠得很近，这些巢可以使用很多年。

楼燕

楼燕的巢常出现在城市建筑物的屋顶下或墙缝中。楼燕的爪子很短，以至于它们无法在地面上寻找材料筑巢，因此它们会在飞行时从空中获取建材。它们通常会收集小草、兽毛、植物茸毛和羽毛来筑巢。楼燕将这些材料与唾液黏在一起，然后随意地分层排列。巢穴的形状取决于它们所选择的筑巢空隙。楼燕每年迁徙返回后都会在同一个地方筑巢。

鸟类室内设计师

缎蓝园丁鸟

雄性缎蓝园丁鸟特别喜欢蓝色。为了吸引雌性,它们会建造求偶亭。求偶亭由两个约半米长的平行栅栏组成,栅栏是由插入地面的细树枝做成的。在狭窄通道的两端,雄性缎蓝园丁鸟会摆上一系列漂亮的小物件——浆果、贝壳、羽毛、瓶盖或人类留下的塑料碎片。所有的装饰品都是蓝色的,因为蓝色会增强雄鸟的吸引力,这也恰恰是雄性缎蓝园丁鸟羽毛的颜色。有意思的是,雄鸟本身的蓝色越少,它在亭子周围摆放的蓝色物体就越多。

大亭鸟

冠园丁鸟

雄性大亭鸟为了求偶,会建造求偶亭,这种"亭子"由两排平行的栅栏(长约1米,宽约0.5米)组成,筑起栅栏的是细树枝,那些细树枝插入地面,顶部相碰。"亭子"通常是南北朝向建造的。为了装饰"亭子",雄性大亭鸟会在入口处放置浅色的鹅卵石、贝壳或其他能找到的浅色物体。越小的东西越靠近"亭子"的中心,而较大的物体则会离"亭子"远一些。

雄性冠园丁鸟在细而垂直的树干周围筑巢。它们把木棍叠在一起,组成一个圆形"建筑",像苔藓覆盖的堤坝。雄性冠园丁鸟会在"建筑"上装饰鲜花、水果和五颜六色的昆虫外壳。如果有雌鸟对这个"建筑"感兴趣,雄鸟还会在"建筑"周围跳舞,展示它们五彩的羽毛来提升自己的吸引力。

褐色园丁鸟

褐色园丁鸟的巢外形有点像人类的凉亭，圆形的顶部是用树枝编成的，中间有一根作为支撑的柱子。巢的尺寸很大：高度约1米，直径约1.5米，而褐色园丁鸟的体型才只有21~35厘米。很难想象这么小小的一只鸟居然筑造了如此巨大的巢。它们筑造如此巨大的鸟巢是为了吸引未来的伴侣，巢建好后，它们开始进行最重要的工程：装饰巢周围的空间。它们会不断地收集水果、鲜花、昆虫、人类的遗弃物，甚至是其他动物的粪便，并用这些来作为巢的装饰。所有的装饰品都必须是新鲜的。雄鸟不断地衔来新的东西，将它们摆放调整好。每一只雄性褐色园丁鸟，都有自己最喜欢的一套物品和颜色。

黑鸢

大山雀

黑鸢在高大的树木中间筑巢，它们喜欢用短粗的枝丫铺底，再用干草和兽毛铺在巢上，此外，黑鸢还喜欢收集人类留下的破布、纸片、塑料和其他垃圾筑巢。科学家认为，黑鸢通过这种收集垃圾的方式彰显它们的地位和能力。

大山雀喜欢在废弃的空洞或鸟房中筑巢。它们的巢通常由青苔和干草制成，巢内铺着动物毛发，并会在其中添加薰衣草、蓍（shī）草或薄荷等芳香类的草本植物。这些芳香植物有助于消灭寄生虫和有害细菌。每只雌性大山雀都有自己的心头好，为了找到自己喜爱的植物，它们可以飞去很远的地方。

昆虫之家

陆蜾蠃

雌性陆蜾蠃（guǒ luǒ）用黏土筑巢，巢穴一般选在能够被阳光直射到的围墙墙面或是其他坚硬的表面上。它们在像罐子一样的巢房内产下一个卵，再放入一个被它们叮咬麻痹了的毛毛虫，这毛毛虫可以作为发育中幼虫的食物。然后它们会做一个锥形的盖子把"罐子"封住。雌性陆蜾蠃会为每个卵建一个单独的"罐子"，有时会彼此相邻。

欧洲熊蜂

春天，年轻的欧洲熊蜂蜂后找到巢穴，比如一个废弃的啮齿动物洞穴，它在其中用蜂蜡建造第一个巢房，用花朵中的花粉填充巢房并产下几个卵，然后再建立第二个巢房保存花蜜。这些卵由蜂后亲自照看，蜂后除了补给很少离开。等到年轻的工蜂孵化出来以后，会逐步接手照顾蜂卵、寻找食物、建设蜂巢等工作。

掘土蜂

掘土蜂的巢在地下，它们在干燥的沙地筑巢。筑巢时，它们以令人眼花缭乱的速度挖掘长长的隧道，并用灵活的腿从隧道下面往外扔沙子。在隧道的尽头，掘土蜂会搭建一个圆形的房间。它们在里面产下一个卵，并小心地把隧道的入口掩盖住。成年掘土蜂会将食物（如被蜇麻痹了的苍蝇等）带给正在生长的幼虫。掘土蜂的巢有时会很密集，在适宜的地点，几步之内就能找到几十甚至几百个掘土蜂的巢。

梅森黄蜂

雌性梅森黄蜂将巢建在陡峭而坚硬的黏土坡上。它们会在几个巢房的尽头挖出短短的走廊，然后把挖出的土黏合在一起，用这些土在向下弯曲的入口处建一个小的"烟囱"。梅森黄蜂在每个巢房中产一个卵，再在里面放上被蜇麻痹的甲虫幼虫作为食物，然后将入口封闭。幼蜂会在春天孵化。数只雌性梅森黄蜂会在适合的地点，彼此相邻筑巢。

黄柄壁泥蜂

雌性泥蜂用黏土筑巢，巢通常会被黏在建筑物的墙壁上。黄柄壁泥蜂的巢由几个管状小室组成：每个管状巢房内放置一个蜂卵和用来饲养幼虫的食物（如被蜇麻痹了的蜘蛛等）。当巢房被"填满"后，黄柄壁泥蜂就会将它封起来。等冬天过后，到了次年的夏天，长大的黄柄壁泥蜂成虫就会用颚刮开黏土盖，从巢房里面飞出来。

幼虫发育的蜂巢

巢脾

横截面

通风室

蜂巢内部

巢房

外观

入口

黄蜂

春天，黄蜂蜂后醒来后，会找一个地方筑巢。它喜欢把巢筑在较粗的树枝下面，或树洞、岩石裂缝中，有时还筑在房子的阁楼上。筑巢时，蜂后用下颚从枯木上刮下木屑，将它与唾液混合成一种类似于纸浆的样子，再刮平成"纸"。蜂后会围绕着轴，用"纸浆"建造十几个蜂室，顶部用"纸"盖住。然后蜂后将卵产入蜂室中，并照看幼虫。最后，孵化出的年轻的工蜂接手大部分工作。它们会在第一层蜂室的边缘添加更多蜂房，然后在其底部中间位置建另一个轴，用来支撑下一层蜂室，一个蜂巢内会筑造出几层的蜂室。中间的最宽，顶部和底部的较窄，使整个蜂巢呈球形。在蜂室与蜂室之间，会留下可以通风的空隙。这个蜂巢会为黄蜂家庭服务一季。在为自己采集食物的同时，黄蜂会像蜜蜂一样为植物授粉。

腐肉球

尼负葬甲

尼负葬甲喜欢用腐肉作为后代的居所。它们挖掘动物尸体（如老鼠）下的地面，直到尸体塌陷到地面下。然后从腐肉下面挖一条走廊，雌性尼负葬甲会在那里产卵。几天后，卵孵化成幼虫。幼虫的父母将腐肉用消化液软化团成球状，再把幼虫藏在腐肉球深处中得以保护，同时，腐肉渗出的棕色液体可以作为幼虫的食物。

蜣螂

一对蜣螂（qiāng láng）在一堆粪便（最好是马粪）下挖出一条隧道，然后挖出带有房间的侧隧道。雌性会在每个房间中产一个卵。蜣螂夫妇会把房间和走廊都填满粪便。此后，孵化出来的幼虫全年都会以它为食；同时粪便还可以为幼虫保温。

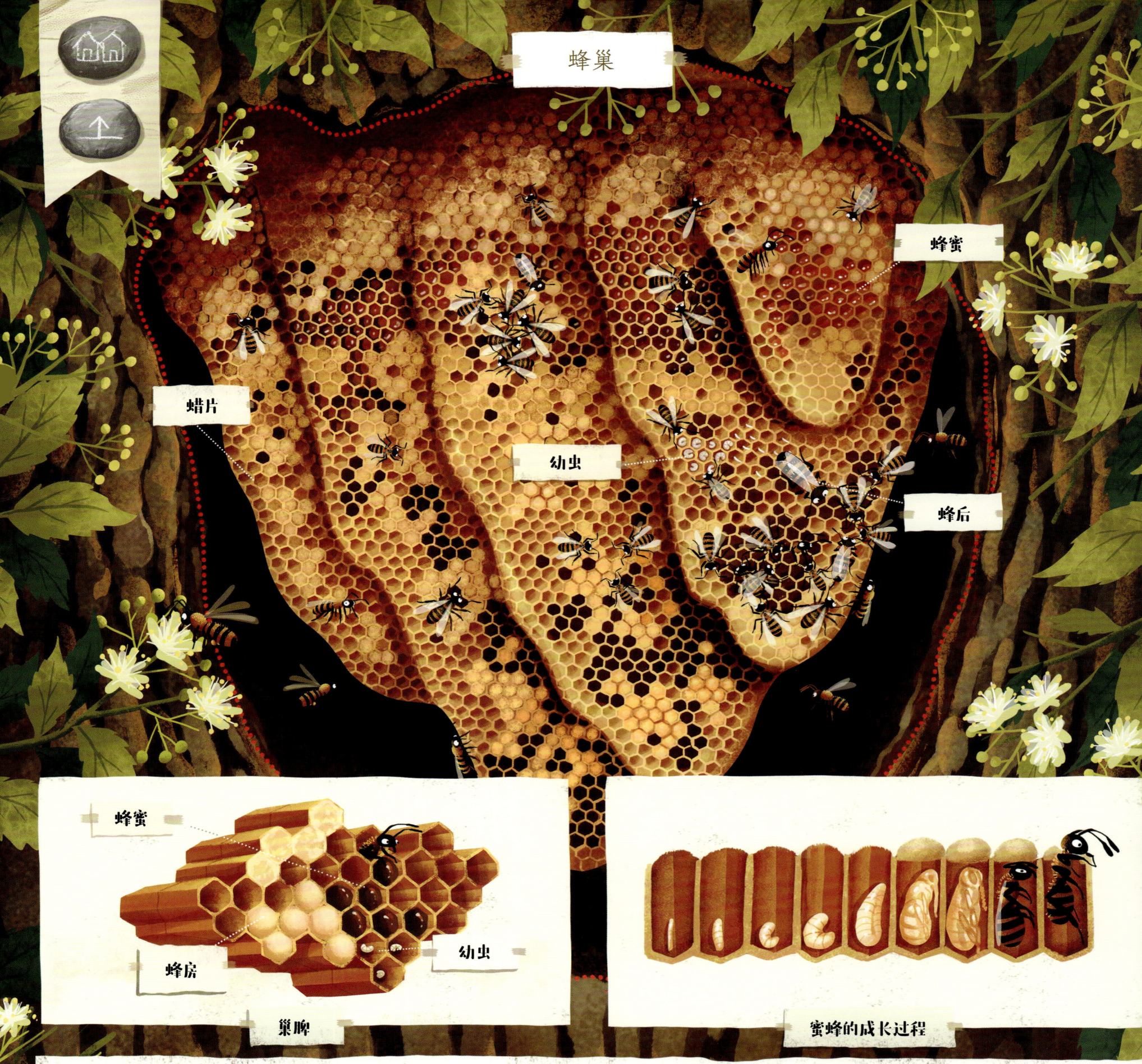

蜜蜂是一种可被驯养的昆虫。它们通常生活在人类准备的蜂巢中，但也可以占据大树洞或其他隐蔽的地方自己筑巢。蜂巢由几个大而悬垂的巢脾组成，这些巢脾由数百个紧密相邻的六边形小房间组成，这种结构非常结实。巢脾的两面都排有一层蜂房，开口略微向上，这样花蜜就不容易漏出来了。年轻的蜜蜂会用蜂蜡建造蜂房，蜂蜡由它们身体下方的蜡腺形成。蜂房墙壁的缝隙用蜂胶（植物树脂和蜂蜡的混合物）密封。在蜂群中，蜂后是最重要的，它是蜂巢中所有蜜蜂的母亲。蜂后在蜂室内产卵，它会从巢脾的中心开始以螺旋状移动到边缘依次产卵。最年轻的工蜂照顾孵化的幼虫（育雏）。当幼虫变成不再需要喂养的蛹时，它们会用蜡盖关闭蜂室。不久，一只年轻的蜜蜂就会咬掉蜡盖从里面出来。年长的工蜂飞出去获取花蜜和花粉。花蜜被放置在蜂巢最顶部的蜂房中，花粉被放置在巢穴上方稍低的位置。它们用花粉喂养幼虫，将花蜜制成蜂蜜。蜂蜜制好后，它们会用新鲜的蜂蜡制成的盖子将蜂蜜储存在蜂房内，这将是它们冬天的食物。

在气候温暖的地区，我们可以在隐蔽的地方找到野生蜂巢

在树洞中的蜂巢

蜂巢框

人造蜂箱

昆虫旅馆

　　蜜蜂的历史非常悠久。它们已经在地球上生活了 1.3 亿年。人类很早就发现了蜂蜜和蜂蜡的好处。最初，人们从树洞或岩石裂缝里的野蜂巢中获取蜂蜜和蜂蜡。后来，为了更方便地获得蜂产品，人类先在森林里为蜜蜂准备筑巢的树洞（原木蜂箱），然后等它们逐步适应后，再将空心的树干带到房子附近，并为那些寻找新家的蜜蜂准备蜂箱。

　　今天，养蜂人建造蜂箱供蜜蜂使用，这样更便于获取蜂蜜。有时他们会把蜜蜂带到有很多花蜜植物的地方。我们都知道蜜蜂生产蜂蜜和蜂蜡，但它们最重要的任务是为植物授粉。没有蜜蜂和它们的野生近亲，可能就没有我们所需要的水果、蔬菜、谷物等食用植物。我们人类应该给蜜蜂提供良好的条件，比如没有被有毒化学物质污染的鲜花和"昆虫旅馆"，这样它们才更愿意生活在我们附近。

蚁族的建筑

红褐林蚁

外观

红褐林蚁是我们在森林中最常见的蚂蚁之一。在安静、阳光充足的地方，很容易找到由松针、树枝和其他小型植物制成的巨大土堆。在土堆下有巢穴的地下部分，深达 2 米。蚁穴是一个由走道和蚁室组成的复杂结构，通常地下比地面部分大。在蚁穴中央最安全的地方是蚁后的房间，蚁后是所有蚂蚁的母亲。蚁后产卵，孵化成幼虫，幼虫变成蛹，蛹会变成蚂蚁。幼虫和蚁后由年轻的工蚁照顾，年长的工蚁则去为食物（幼虫吃的昆虫和成年蚂蚁吃的甜汁植物）和扩大巢穴的材料而奔波。

黄猄蚁

大而好斗的黄猄（jīng）蚁在高高的树上筑巢。它们一起用力将几片叶子拉到一起，这些叶子由幼虫产生的丝线相连。一只成年黄猄（jīng）蚁用颚咬住幼虫，将其带到叶子的边缘，使其分泌丝线黏住叶片，然后再将幼虫从一片叶子带到另一片叶子。这就是将叶子连接并封闭的方法。当一个蚁穴不够住时，黄猄蚁会在它旁边或相邻的树上建造另一个蚁穴。

行军蚁

小工蚁
蚁穴内部
蚁后
兵蚁
大工蚁

放大图

移动的蚁穴

行军蚁群四处游荡,每晚都会在不同的地方露营,例如在倒下的树干旁。很多只工蚁(甚至可能有一百万只)用脚末端的钩子互相抓住,并用自己的身体连接成链子组成网状,将蚁后和幼虫层层环绕。这样它们就用身体形成了一个移动的蚁穴。早上,工蚁分散开来,整个蚁群一起移动、捕食、喂养幼虫。经过 2~3 周的游荡,当幼虫变成蛹不需要再喂食时,蚁群会在一个地方再定居 2~3 周。在此期间,蚁后产卵,幼蚁在蛹中成熟。在定居末期,幼小的工蚁从蛹中孵化出来,同时从卵中孵化出来的幼虫也需要越来越多的食物,于是蚁群又开始移动了。

蚁桥

当行军蚁需要克服障碍时,它们制造锁链、绳索和网格的能力会派上大用场。这可以帮它们跨越其他蚂蚁无法克服的障碍。

蚁筏

行军蚁也可以跨越水域。工蚁紧密相连,能够漂浮在水面上,让它们的身体成为蚁后和幼虫渡过水域的活筏。

在观察切叶蚁群时,很容易发现一个现象:这是一个功能完善的社群,每一只蚂蚁都有自己的位置和分工。这些蚂蚁的主要食物是地下巢穴中生长的真菌。真菌的生长需要大量的植物原料。侦察蚁会寻找植物并沿路留下气味,工蚁大队顺着这条路,将找到的植物切成碎片并带回巢穴。为了让运输快速而高效,比搬运蚁块头大的兵蚁守护道路,清洁蚁清除小的障碍。有时,我们还会在被转移的叶子上看到,有小的安保蚁坐在上面,它们的任务是赶走试图在搬运蚁身上产卵的寄生昆虫。

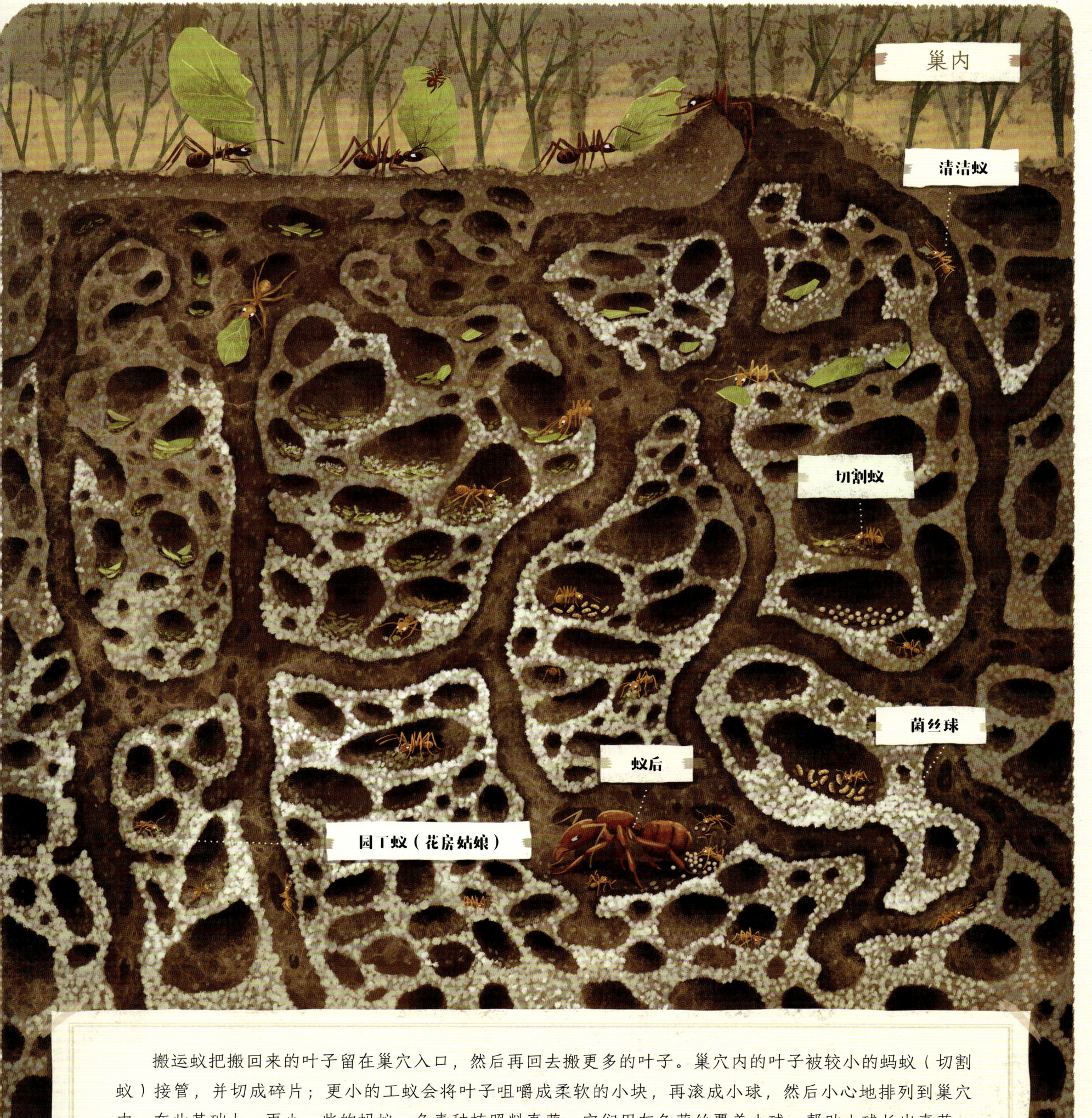

搬运蚁把搬回来的叶子留在巢穴入口,然后再回去搬更多的叶子。巢穴内的叶子被较小的蚂蚁(切割蚁)接管,并切成碎片;更小的工蚁会将叶子咀嚼成柔软的小块,再滚成小球,然后小心地排列到巢穴中。在此基础上,再小一些的蚂蚁,负责种植照料真菌,它们用灰色菌丝覆盖小球,帮助小球长出真菌,真菌生长很迅速。最小的工蚁负责照看植床,它们在菌丝中爬来爬去,清除杂菌并保留需要的真菌。在菌丝的末端会生长出圆形的膨胀体,园丁蚁会收集这些膨胀体,然后将它们分给所有的蚂蚁(包括幼蚁和蚁后)作为食物。

白蚁的家

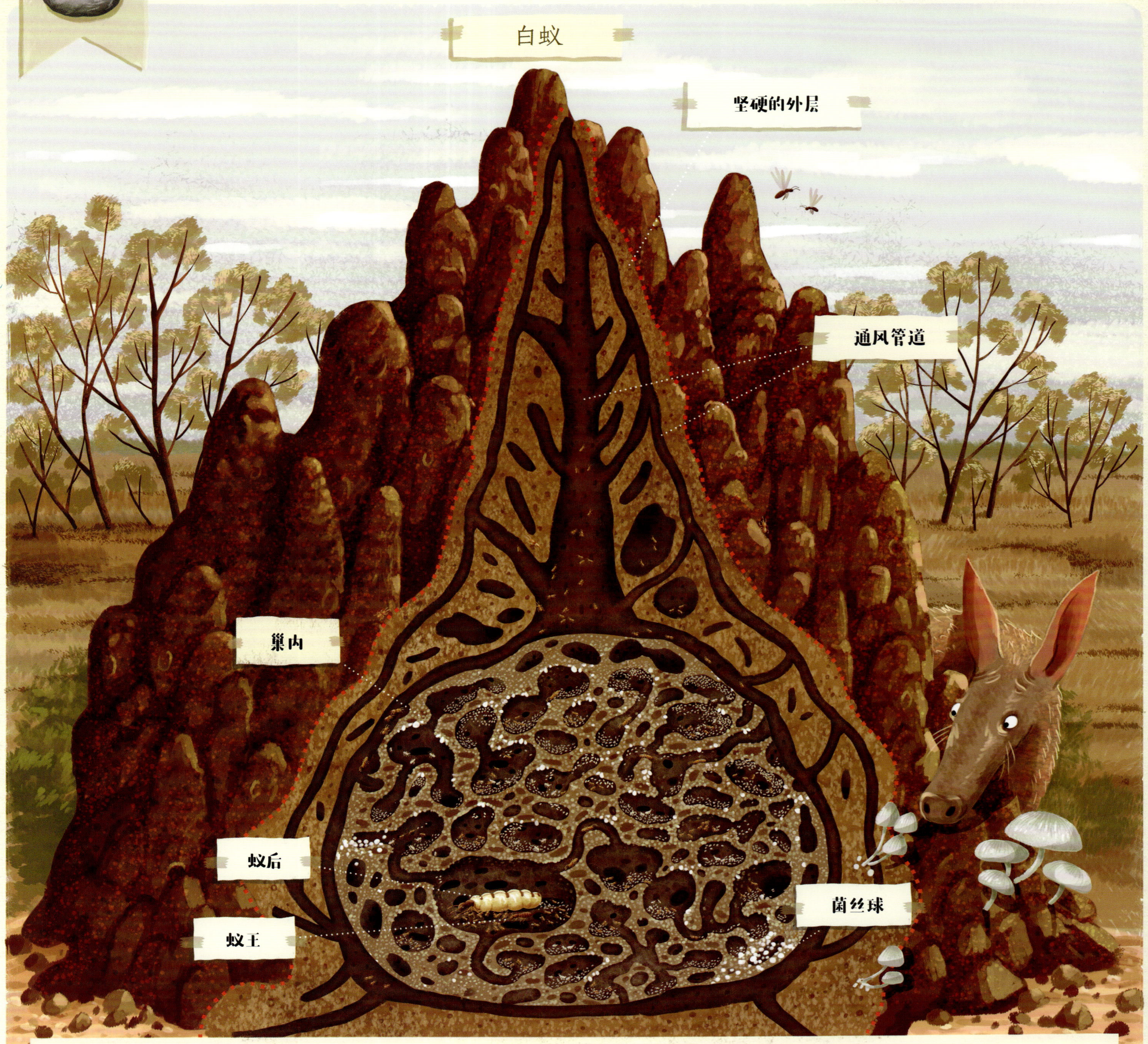

白蚁

坚硬的外层

通风管道

巢内

蚁后

蚁王

菌丝球

很难想象巨大的白蚁丘是由小小的昆虫——白蚁建造的。这庞然大物最初只始于地下一个几厘米的小洞，那是由蚁王和蚁后挖出来的。产卵后，蚁王夫妇开始照顾下一代。年轻的白蚁会很快承担起各种任务：照料年幼的兄弟姐妹，挖掘新的通道和小室，寻找食物（也就是木头、树叶和草）。它们用嚼过的木头加粪便，在蚁王和蚁后周围的房间里，建设真菌花园；也使用同样的原料，再加上泥土，来建造蚁丘的外壁。外壁被阳光晒干后，就会变得像岩石一样坚硬。蚁后为了产下更多的卵，它的腹部开始变得很大。

白蚁家族

这种有翅膀的白蚁，是建立巢穴的蚁王和蚁后，这是它们结合前的样子

兵蚁　　工蚁　　小工蚁　　蚁王　　产卵几年后的蚁后

各种形状的白蚁丘

罗盘白蚁的蚁丘

　　白蚁丘是不断向上建造的。每个小室的上方都有空隙，在厚厚的墙壁上会有窄窄的通风管道，管道有冷却空气和换气的功能。因此，巢内的温度波动很小，通常保持在 30℃ 左右。白蚁丘最初"生长"的比较缓慢，然后越长越快。两三年后，白蚁群里会出现头大、下颚强壮的兵蚁；几年后，带着翅膀的年轻蚁后和蚁王会在飞行中交配，并建造自己的白蚁丘。白蚁丘可以"生长"数十年，高度达到数米，内部可以有数百万居民。白蚁丘的形状各异，每个种类的白蚁都有属于自己的蚁丘形状。罗盘白蚁的蚁丘结构扁长，总是南北朝向，这有助于保持巢内适宜的温度。早上，充足的阳光照在宽阔的东墙上，可以让经过一晚寒冷的蚁巢迅速暖和起来；中午，阳光落在狭窄的南墙，这样不会使蚁巢内的温度过高；到了夜里，西墙可以为蚁巢保暖。

蜘蛛的家

十字园蛛

十字园蛛的蛛丝比头发丝还要细好几成，它的蛛网是动物世界中的完美范例。这些小虫子擅长用自己的蛛丝建造出圆形陷阱。建造时有严格的程序和模式。首先，它们在风中抛出一根蛛丝，当蛛丝随风黏在正确的位置时，就开始搭建架子。最后，它们把蛛网织成圆形。织好蛛网后，它们会藏在网中央或某一根丝的根部，耐心等待猎物上钩。

放大的蜘蛛

轮形蜘蛛网的搭建步骤

达尔文树皮蛛

小型达尔文树皮蛛的雌蛛身长约 2 厘米，雄蛛身长只有 6 毫米左右。它们的网非常巨大，蛛网面积可达 2.8 平方米。织网时，它们首先会吐出一根非常结实的长丝（可长达 25 米）横跨河流。达尔文树皮蛛的网是织在水面上方，用来捕捉水边成群的昆虫。据说，达尔文树皮蛛的蛛丝韧性是其他蛛丝的两倍，被认为是世界上最具强度的材料之一。

放大的蜘蛛

超形阿内蛛

超形阿内蛛属于群居蜘蛛。它们的蛛网看起来像一条巨大的床单，低低地挂在灌木丛中或倒下的树木上。这巨大的蛛网社群是由多达数千只超形阿内蛛共同努力完成的。这些小蜘蛛一起筑网、捕猎和抚养后代。正是由于这种有效的合作，它们才能抓到更多更大的猎物，这样比单兵作战强得多。

放大的蜘蛛

鬼面蜘蛛

鬼面蜘蛛，是一种被称为角斗士的蜘蛛，它们的捕猎方式不同寻常。它们不会编织永久性的陷阱，而是织一张可以随身携带的、灵活的网。捕猎时它们头朝下倒挂着，等待猎物。它们有一双非常大的眼睛，晚上捕猎时视力极佳。为了引诱猎物靠近，它们会在悬挂的地方留下白色的粪便。当猎物靠近时，它们就迅速展开蛛网（将四条腿向两侧张开），将猎物困在其中。

水蛛

水蛛几乎一生都在水下度过，但它们会呼吸空气。它们将空气存储在气泡中，并固定在水生植物上。为了增加空气的供应，水蛛会把腹部末端和后腿从水里伸出来，在腹部和后腿中间抛出一团蛛丝。然后将蜘蛛网拉到水下，产生的气泡就可以留存在腹部的茸毛中。水蛛不断的用腿将气泡转移到腹部，再把气泡存在水下的蜘蛛网里。水蛛吃住都在水里，雌性水蛛产卵也在水下。

地蛛

地蛛生活在深 25~80 厘米的洞穴中，洞穴里布满了茧，这些茧一直延伸到地面，地面上的部分用于捕猎。地面的茧长 8~25 厘米，看起来像个长长的袖子，通常隐藏在植被或落叶中。地蛛隐藏在像袖子一样的茧里，用毒刺抓住猎物，然后将茧壁撕开，把猎物拉进洞穴。等饱餐之后，再将撕开的茧修补好。

各种类型的蜘蛛网

圆蛛科和长脚蛛科蜘蛛建造的轮状蜘蛛网

圆蛛科和长脚蛛科蜘蛛建造的被单形状的蜘蛛网

幽灵蛛科和姬蛛科蜘蛛建造的不规则形状的蜘蛛网

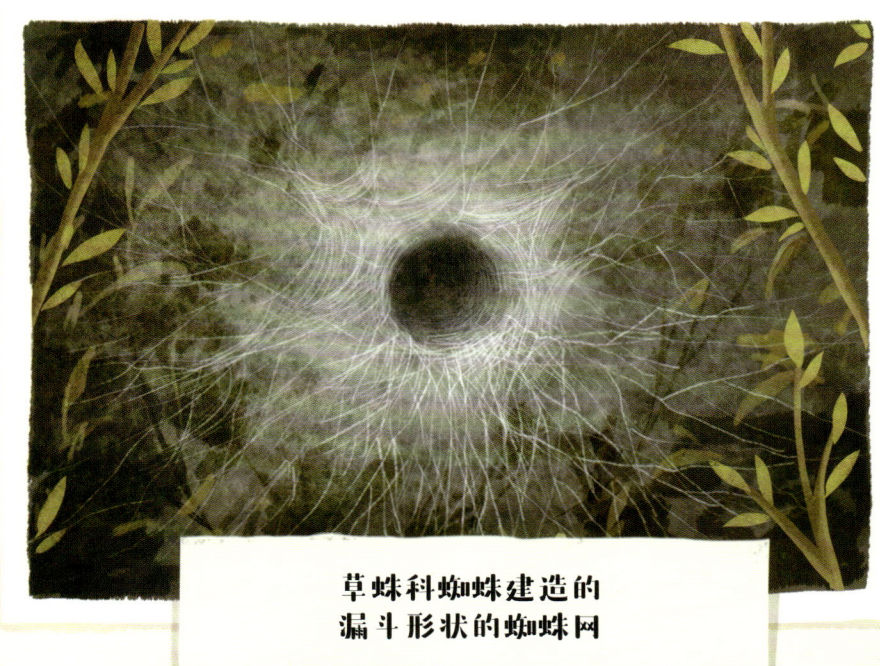

草蛛科蜘蛛建造的漏斗形状的蜘蛛网

地蛛科蜘蛛建造的袖筒状的蜘蛛网

鬼面蛛建造的便携型蜘蛛网

它们的壳是家吗

罗马蜗牛

烟管蜗牛

女王凤凰螺

琥珀螺蜗牛

蜘蛛螺

非洲大蜗牛

  不论是水栖蜗牛还是陆栖蜗牛都有壳，蜗牛的壳很硬，可以保护它们的软体免受伤害或脱水。我们习惯把壳叫作蜗牛的家。其实，蜗牛的壳并不是它的家，而是它身体的一部分，相当于我们的骨骼和皮肤。这坚硬的外骨骼是蜗牛用一生的时间建造的。蜗牛特殊的腺体会在外壳的边缘钙化，随着蜗牛的成长，壳会变得更宽更厚。蜗牛的壳受到轻伤后，会慢慢愈合，就像我们的伤口愈合一样。蜗牛的壳通常为一个整体，呈现出神奇的螺旋状。有的壳很小，只有约 1 厘米长；有的很大，比如长达 20 厘米的非洲大蜗牛壳。

大砗磲

巨海扇蛤

掘足纲

寄居蟹

鹦鹉螺

石鳖

贝类的壳由两块紧密贴合的部分组成，它们可以打开或关上。大砗磲（chē qú）和巨海扇蛤从自己半开的壳中伸出虹吸管，在水中滤取微小的食物。小扇贝能够从危险中逃脱，也得益于外壳能够突然闭合或打开。掘足纲贝类生活在海底，为了呼吸，它们会将贝壳较薄的一面置于泥沙之上。鹦鹉螺是八爪鱼的近亲，它们住在海沟深处，通过调节外壳腔室内液体的体积下沉或上浮。石鳖（biē）有 8 片硬壳，可以上下弯曲，甚至滚成一个球。对于寄居蟹而言，贝壳是它们真正的"家"。它们会选择一个空壳，藏身其中，从而保护它们柔软的腹部。随着身体长大，它们会置换到更大的壳里。

家的伪装

石蛾

生活在水下的石蛾幼虫幼小而无防御能力，因此它们为自己建造了便携式庇护所。这种奇特的庇护所可将它们伪装起来，使它们免受甲壳类动物和鱼类的伤害。首先石蛾幼虫会分泌一种特殊的丝线，然后编织出一个精致的茧，再将附近的一些东西黏在茧上，如小石子、树叶、贝壳、树枝等。随着幼虫的生长，它们会使自己的庇护所变大。石蛾幼虫一直生活在里面，直到长大成蛹。

石蛾幼虫

蓑蛾

蓑（suō）蛾幼虫和石蛾幼虫一样，也会为自己建造一个不寻常的庇护所。石蛾幼虫生活在水下，而蓑蛾幼虫生活在陆地上，因此它们用于建造庇护所的材料（小树枝、树叶、苔藓等）略有不同。虽然庇护所的形状多种多样，但都能完美适应居住者的需求。一旦受到威胁，蓑蛾幼虫能够完全隐藏在自己建造的庇护所中。

蓑蛾幼虫

哺乳动物的地下家园

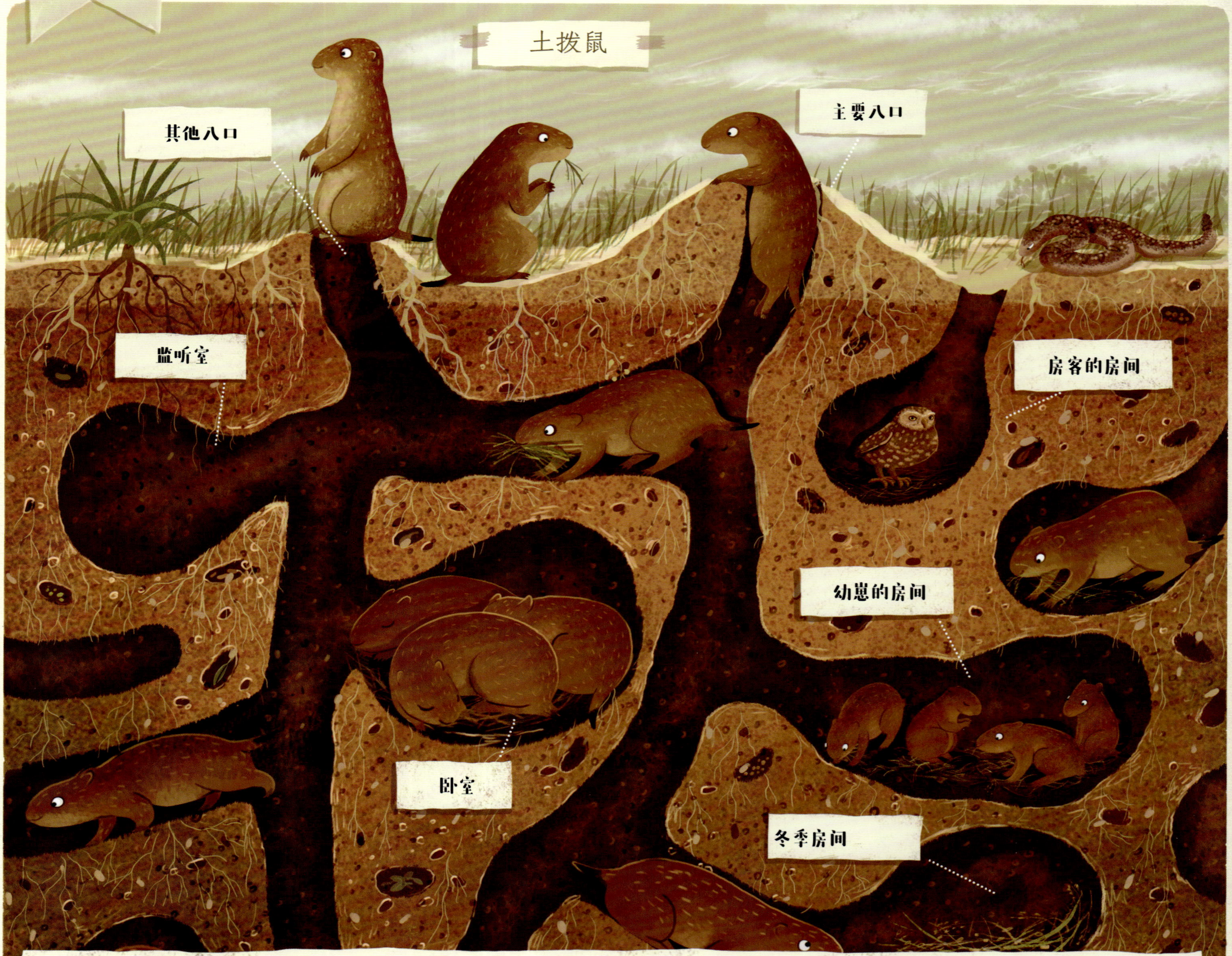

土拨鼠

- 其他入口
- 主要入口
- 监听室
- 房客的房间
- 幼崽的房间
- 卧室
- 冬季房间

土拨鼠也被称为草原犬鼠，它们一般近亲群居在一起，群体成员可多达上千个。每个家庭都有自己世代居住的洞穴，家庭成员由一只雄性、几只雌性和一群来自前一窝的成年幼崽组成。它们的洞穴通常有多个入口（最多有 6 个），其中一些入口隐藏在挖出的土堆中。有些高达 1 米的土堆可以作为观察点，"哨兵"在那里放哨，一旦遇到危险，它们会用响亮的"哨声"警告觅食的群体成员。此外，不同高度的出入口可以促进洞穴内的空气流动。洞穴的隧道一般斜向下，最长可达 10 米，并会与相邻洞穴的隧道相连。土拨鼠的洞穴内房间很多，有卧室、监听室、客房、育婴室等，还有专门的冬季房间，冬季房间在深一点的地方，里面铺着干草。监听室在出口旁很浅的地方，在那里可以监听地面的情况，一旦发现有危险，它们就会迅速躲到更深的地下。

裸鼹鼠

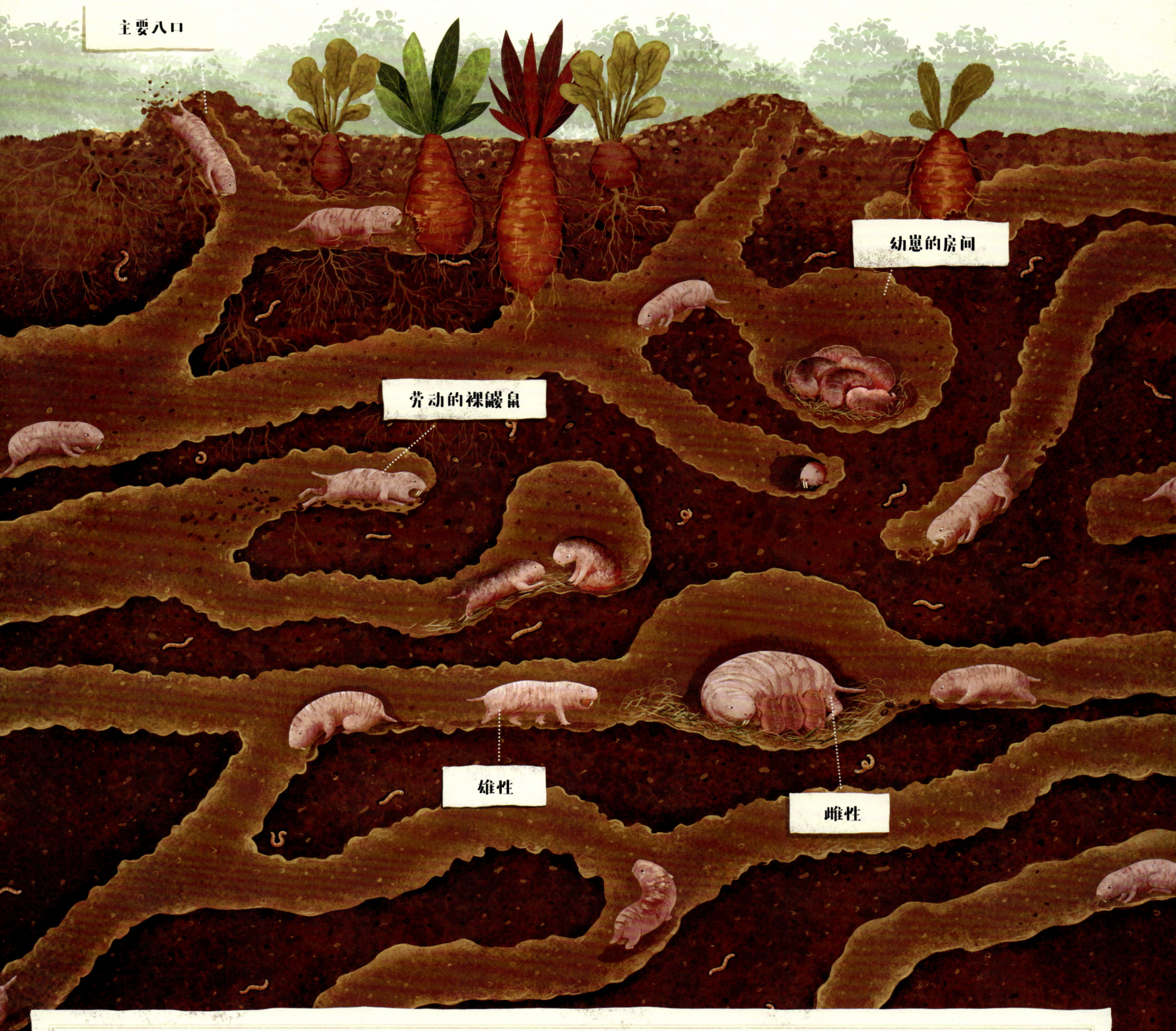

主要入口 / 幼崽的房间 / 劳动的裸鼹鼠 / 雄性 / 雌性

　　裸鼹鼠生活在干旱和沙漠地区，它的样子像土拨鼠，但体型只有土拨鼠的1/3（约 10 厘米长），寿命极长（可达 30 年）。它们生活在有隧道和房间的地下洞穴，有类似于蜜蜂的大家庭（几十个成员）。每个家庭中只有一只雌性（体型比其他雌性大）负责繁殖，其他裸鼹鼠负责照顾后代、维护隧道系统及获取食物。与土拨鼠不同，裸鼹鼠几乎不会爬出地面，它们一直生活在黑暗的地下。它们没有毛，几乎没有视觉，但嗅觉和触觉非常发达。它们有强大的门牙，这对挖掘隧道很有用。裸鼹鼠可以很好地耐受较深隧道中常见的低氧情况。它们能够快速地向前和向后移动。裸鼹鼠的隧道系统不仅仅是居住地，也是它们获取食物的通道，因为隧道还通向它们赖以生存的植物根部。

耳廓狐

耳廓狐生活在沙漠地区。它们以家庭为单位居住于洞穴里，耳廓狐家庭有父母和孩子，通常还有来自前一窝的大孩子。耳廓狐洞穴里铺满干燥的植物，有时也会是羽毛和兽毛，洞穴有通往主要入口的隧道，以及一些在紧急情况下使用的备用隧道。耳廓狐生活的地方白天很热，它们白天在洞穴里休息，夜间觅食。耳廓狐的洞穴彼此相邻，有时还会有相连的隧道。

子午沙鼠

子午沙鼠生活在地下的大型群体里。它们的家是由长长的隧道和很多房间组成的复杂系统。入口通常被带刺的灌木丛遮蔽。子午沙鼠冬季的房间在地下约 2 米处。它们以种子和水果为食，还会为冬天储存少量食物。

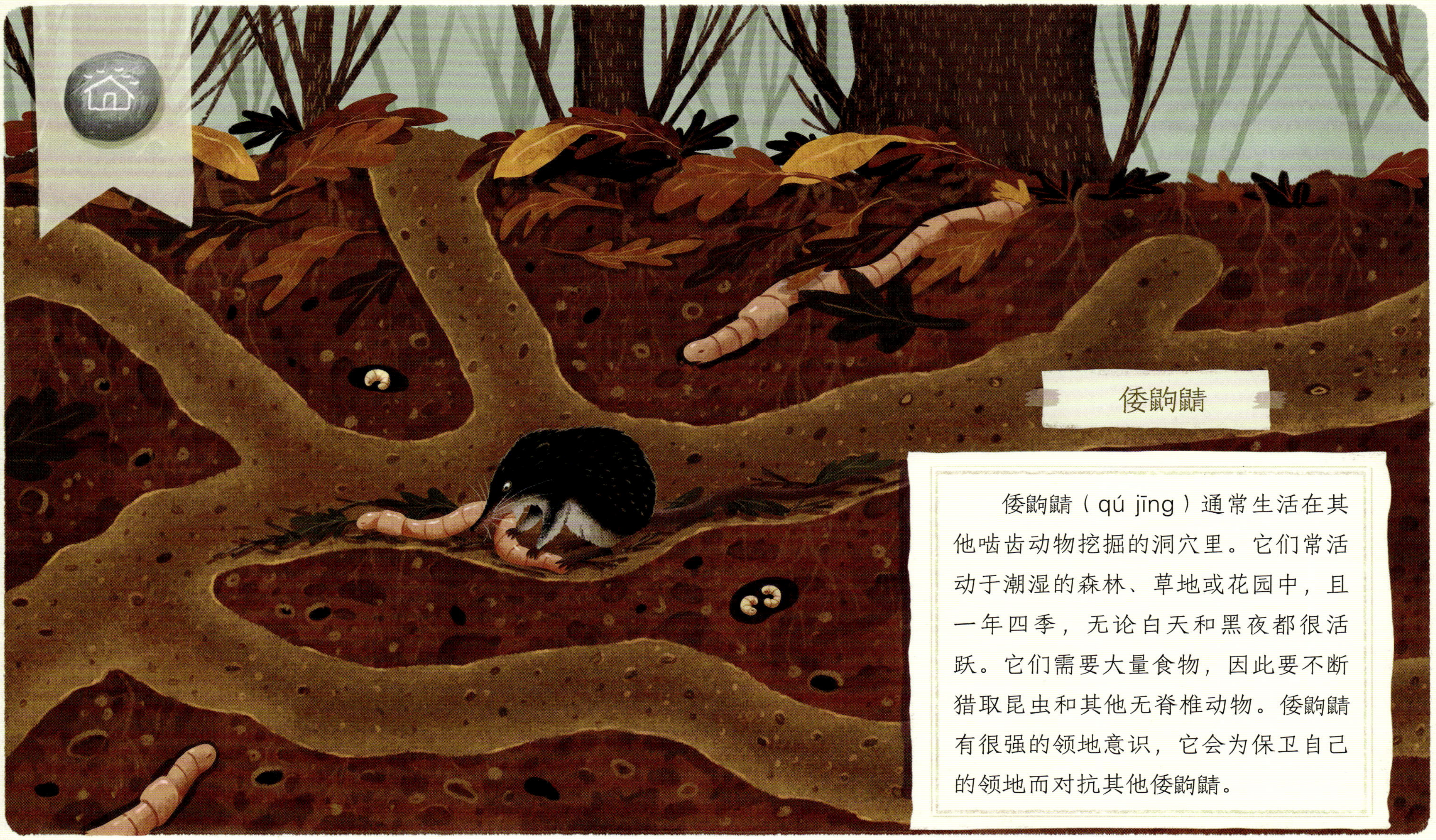

倭鼩鼱

倭鼩鼱（qú jīng）通常生活在其他啮齿动物挖掘的洞穴里。它们常活动于潮湿的森林、草地或花园中，且一年四季，无论白天和黑夜都很活跃。它们需要大量食物，因此要不断猎取昆虫和其他无脊椎动物。倭鼩鼱有很强的领地意识，它会为保卫自己的领地而对抗其他倭鼩鼱。

田鼠

田鼠会在地下、苔藓下以及茂密的植被底下建造隧道网，隧道有许多入口。它们的球形巢穴由苔藓和青草组成，通常建在腐烂树木的底部或树根之间。田鼠以植物的绿色部分、种子、块茎为食，有时也食用昆虫及其幼虫。它们还会为冬天囤积食物。

鼹鼠的家

鼹鼠喜欢独居生活，在交配期之外，它们会将其他鼹鼠赶出自己的领地。它们的领地很大，有时甚至可达数千平方米。鼹鼠喜欢生活在田野、草地、花园和落叶林中，那里的土壤柔软、肥沃，可以找到很多蚯蚓和其他的无脊椎动物作为食物。在地表下 10~50 厘米的地方，它们建造的隧道十分复杂。地表上的一排排小土堆是鼹鼠挖掘隧道时清除的土壤。鼹鼠几乎一生都在地下度过，它们能完全适应黑暗的环境。

鼹鼠的特征

皮毛
皮毛短而柔软，可以倒向任何方向。这使得鼹鼠可以在隧道中向前或向后自由移动。

听力
听力极好，可以听到昆虫在隧道内或隧道附近的地面上移动的声音。

触须
触须能让鼹鼠在地下的居住地感觉到土地最轻微的颤动。

视力
鼹鼠的眼睛很小，视力很弱，但可以区分明暗和某些颜色。

尾巴
尾巴配有敏感的须毛（类似于触须），可以帮助鼹鼠了解背后发生的情况。

前肢
前肢强壮而宽厚，带有利爪，是鼹鼠工作中最重要的工具。多亏了它们，鼹鼠才有力量从地下隧道挖掘土壤并将其抛到地面。

艾默氏器
鼹鼠的鼻孔周围有微小的凸起，这是它们特有的感受器，对触摸和最轻微的振动极为敏感。能够帮助它们在地下寻找昆虫。

土堆
土堆是由鼹鼠挖隧道时抛到地表的土壤所形成的。土堆内还有通风口。

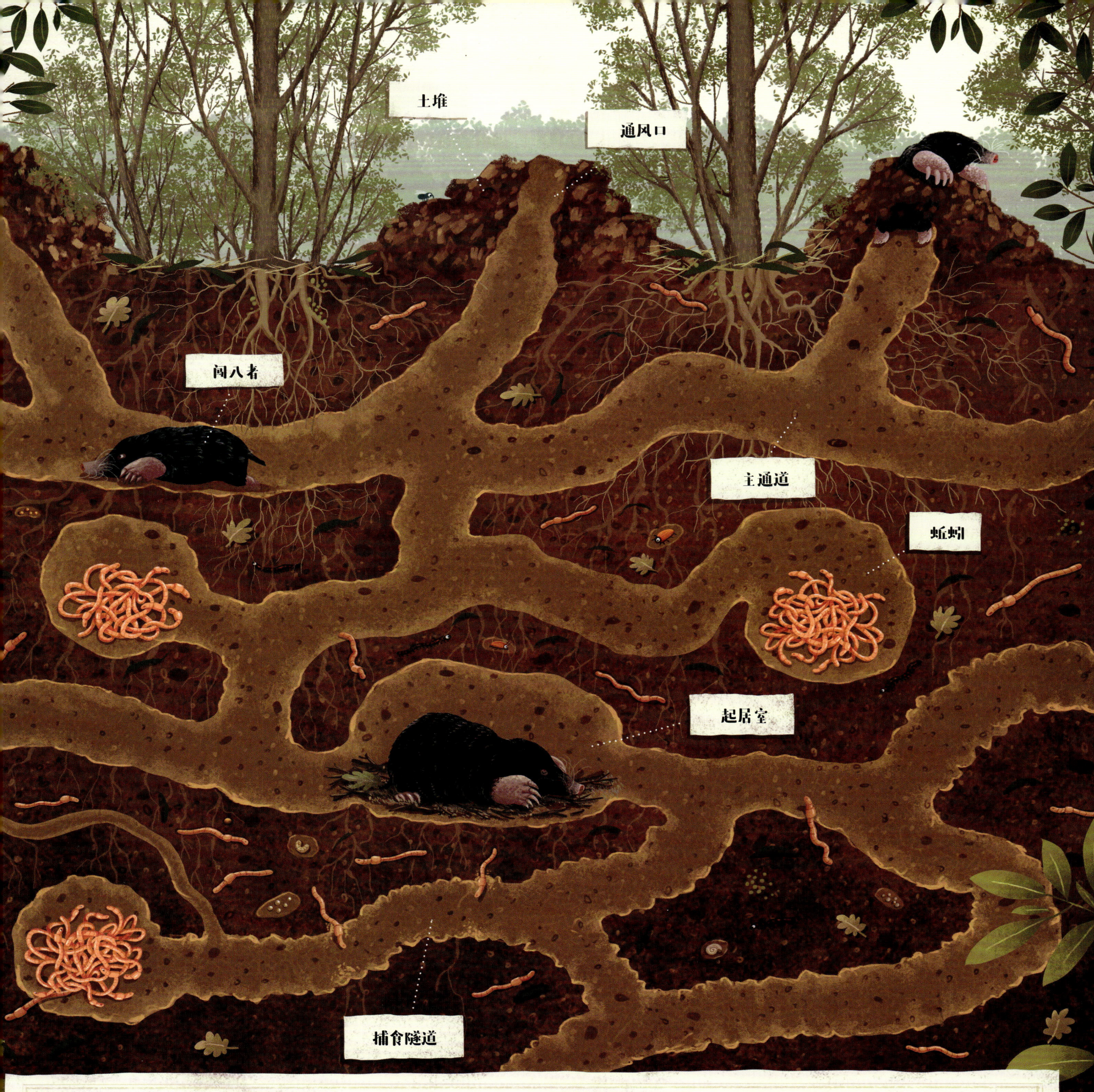

鼹鼠的地下王国由一个长达千米的隧道网络和若干个房间组成。其中一个房间是由干草、苔藓和树叶建造的巢穴，鼹鼠在里面睡觉，雌性鼹鼠也在里面生产和抚养幼崽。起居室附近有储藏室，那里可能储备了数百只不能乱动的活蚯蚓，那是鼹鼠为冬季或干旱季节储备的口粮。巢穴内有一些隧道有坚硬而光滑的墙壁，鼹鼠在里面可以快速行动或巡逻；还有一些隧道的墙壁没有压实，那是鼹鼠捕食的地方，鼹鼠在那里猎捕蚯蚓和其他无脊椎动物。有时猎物并不在隧道当中，鼹鼠也能感知到并挖掘隧道过去捕猎。通往土堆的竖直隧道是通风口，鼹鼠会去定期检查并确保其畅通。

水中建筑

树蛙

树蛙在水坑正上方的树上筑巢。雌性树蛙会分泌一种液体，它用后腿把液体搅拌成泡沫，再将卵产在泡沫球中。蝌蚪从卵中孵化出来后，就从泡沫球中掉进水里。

三刺鱼

三刺鱼用植物的碎片筑起特殊的环形巢穴，这些碎片被三刺鱼用肾脏分泌物黏在一起。雄性用漂亮的外表将雌性吸引进巢穴。当雌性在巢中产卵后，雄性会照看鱼卵及鱼苗。

非洲牛蛙

雄性非洲牛蛙是出色的饲养员。雌性一般在大水域附近的水坑中产卵，卵由雄性照顾。雄性有很强的攻击性，它们会尽力保护蛙卵和蝌蚪。当水坑中的水位下降太多时，雄性会用后腿挖出一个水沟通向更大一点的水坑。

泰国斗鱼

雄性斗鱼用唾液将气泡黏在一起建造漂浮的巢穴。雌性产的鱼卵被雄性用嘴小心地收集起来并将其放入泡沫巢穴中。然后雄性会照看泡沫巢穴和鱼苗。

海笋

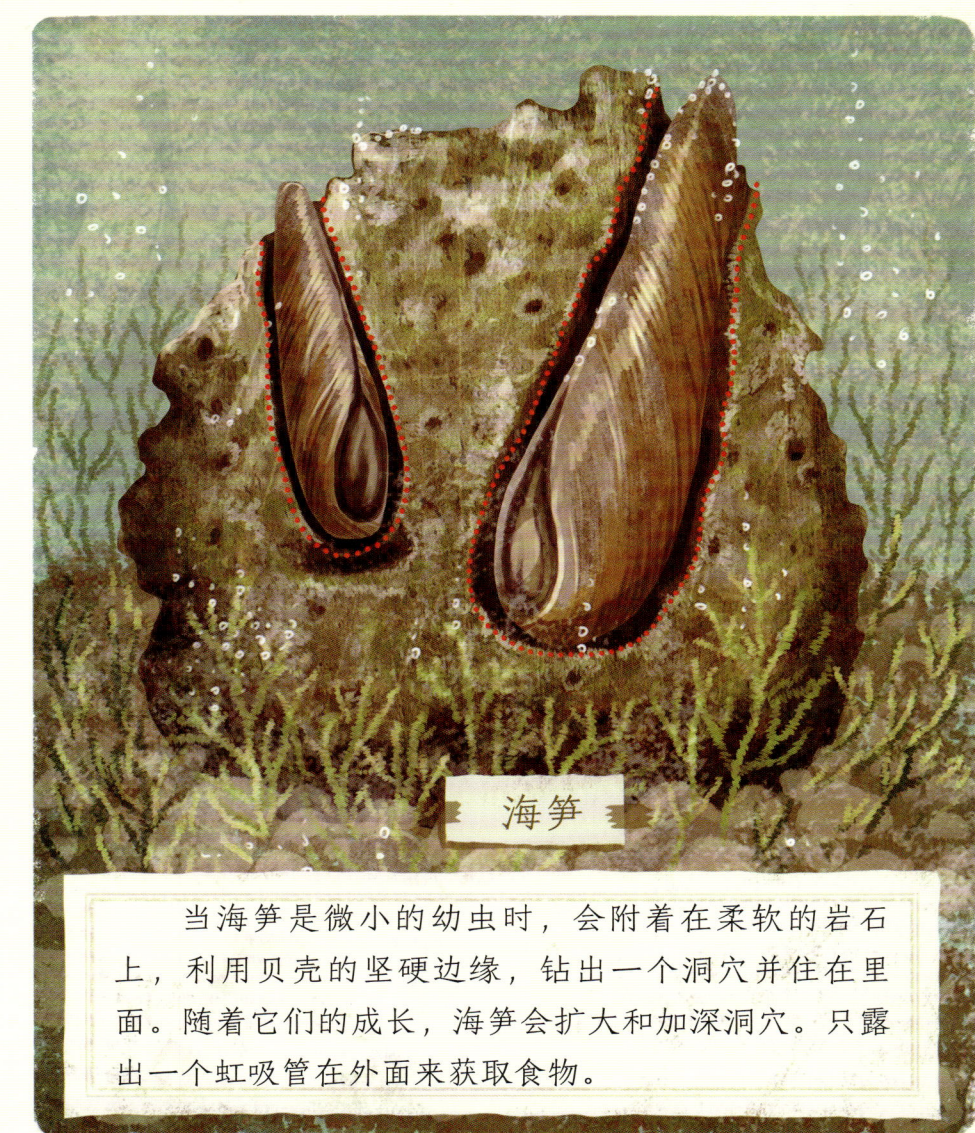

当海笋是微小的幼虫时，会附着在柔软的岩石上，利用贝壳的坚硬边缘，钻出一个洞穴并住在里面。随着它们的成长，海笋会扩大和加深洞穴。只露出一个虹吸管在外面来获取食物。

弹涂鱼

弹涂鱼虽然是鱼，但大部分时间都在陆地上度过。它们生活在被海水淹没的红树林中。为了在退潮期间保持水分，弹涂鱼会挖掘积水的洞穴，并在洞穴入口处建造一个圆形的高堤。

剖面图

河狸的家

河狸的生活与流动的河水密切相关。凭借非凡的建造能力，它们不仅完美地适应了水陆生活，而且还能够使环境适应自身的需求。它们筑巢的主要原材料是树木，四颗锋利的门牙让它们可以毫不费力地砍伐。河狸的门牙会不断生长，在使用门牙的时候，门牙内侧磨得更多，因此在门牙的外侧会形成锋利的边缘。

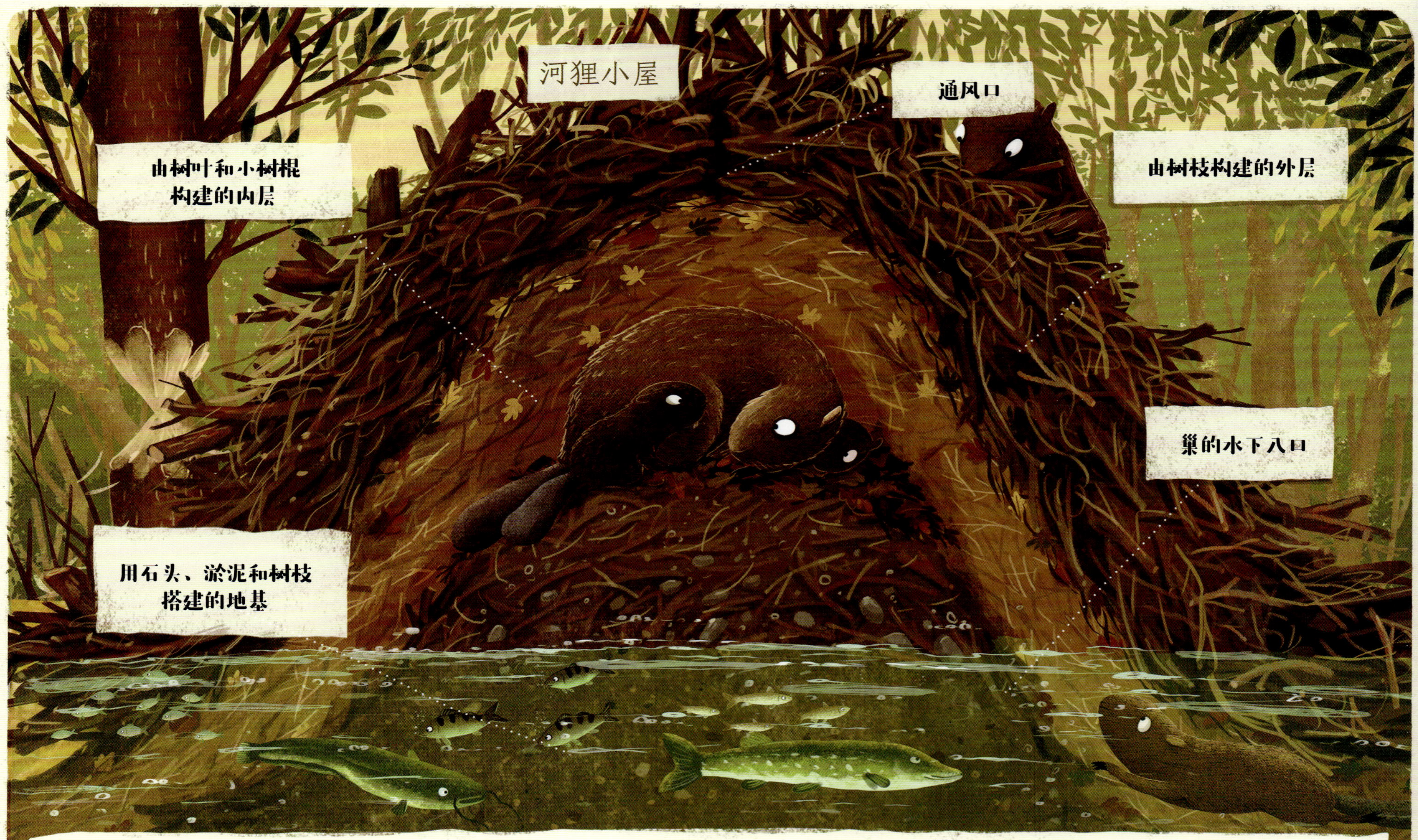

河狸小屋

通风口

由树叶和小树棍构建的内层

由树枝构建的外层

巢的水下入口

用石头、淤泥和树枝搭建的地基

树下的巢洞

巢屋是河狸的住宅，也是它们抵御捕食者、寒冷或高温的安全庇护所。它们选择适当的地方开始建造。如果河狸生活的水边有陡峭的堤岸，它们会挖出长长的走廊和带有水下入口的洞。如果水边地形平坦，它们会选择岛屿、半岛或岸边的较高位置，并在那里用树枝建造巢屋。它们会用树枝、小树棍、芦苇、泥土和草皮组成起居室的圆顶。房间内部衬有干燥的植物和木屑，还会有一条或几条带有水下入口的走廊。有时，房间上面会有一个由松散排列的树枝制成的通风井。巢屋会被不断改进和加强，往往可以供好几代河狸使用。

水坝

侧面图

为了建造居所，河狸会在河流或小溪上建造水坝。它们选定位置后，先将木桩垂直打入底部，然后将树枝和石块铺在上面，并用泥土、水生植物和草皮填充水坝。水坝的两侧较低，以便排出多余的水。形成的水坑可以为数代河狸提供庇护所并储存食物。水坑也是河狸觅食水生植物的地方，许多其他动物也生活在那里。这个水坑也是整个"社区"的备用水源。

食物储藏室

水下通道

秋天，河狸会建造水下食物储藏室，以便为冬天提供补给。它们将喜爱的树枝插入水坑深处的底部，并在树枝之间沉入可食用植物的根茎。

为了便于联系和运输，河狸在水坑之间建造了水下通道，使它们能够安全轻松地来回穿行。

河狸的美食

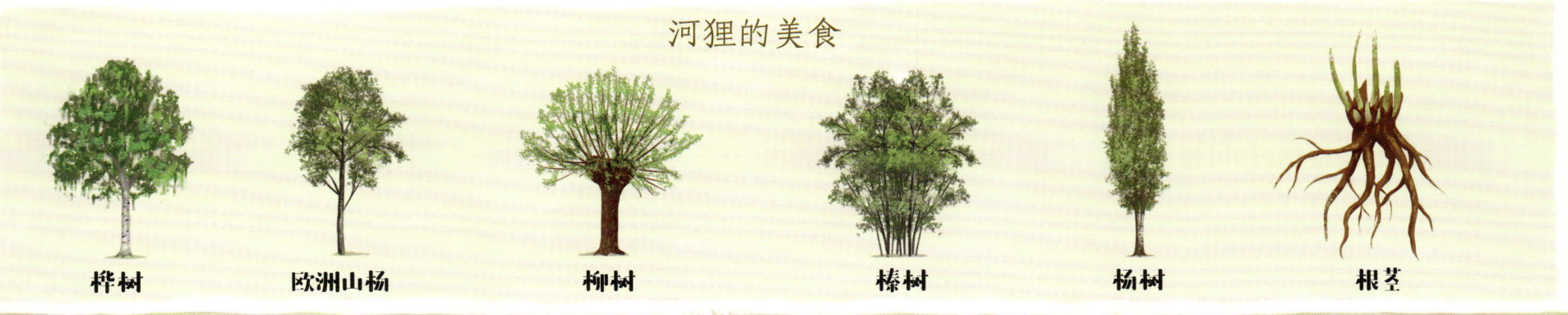

桦树　　欧洲山杨　　柳树　　榛树　　杨树　　根茎

服务动物的人工设施

为了满足生活需要，人类驯化了很多动物，因此要为这些驯化后的动物提供足够的食物、居所和活动空间等。此外，为了与自然界的动物和谐相处，人类还会主动照顾生活在周围的野生动物，比如狐狸、刺猬、松鼠，一些鸟类和昆虫。人们会在不好觅食的冬天喂养它们；也会在城镇、村庄附近，以及城市里的公园、花园和草坪上为野生动物提供一些设施，如建造可以融入景观、不会影响环境的动物庇护所，使动物可以根据自己的习性，自然而然地使用这些设施。以下是一些人类为动物建造的设施。

鸟屋

鸟的食槽

马厩

鸡舍

昆虫的居所

蜂箱

刺猬的庇护所

野猫的小窝

松鼠的贮藏室

蝙蝠的小房子

临时的家

茧

蚯蚓　　横纹金蛛　　螳螂

许多无脊椎动物会为它们产的卵提供一个安全的居所，直到卵被孵化出来。茧就是这样一个"临时的家"。雌性用一种特殊的腺体来结茧，茧可将卵与环境隔离，并防止不利的环境、捕食者和真菌影响卵的生长。茧也经常被当作孵化后幼崽的第一餐。

蝶蛹

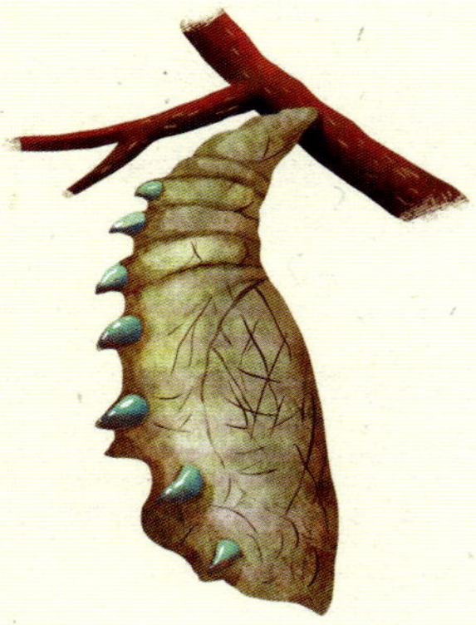

小豹蛱蝶 　　金凤蝶 　　菜粉蝶 　　尾蛾 　　蚕

蝴蝶的发育过程

蝴蝶的发育过程是自然界中最壮观的事件之一。蝴蝶经历了彻底的蜕变。一只幼虫从一个小小的卵中孵化出来并逐渐长大，然后变成蛹，最后变成一只美丽的蝴蝶。蛹中发生的转变非常有趣。在蛹的外面，有时会覆盖着一种"临时房屋"，如尾蛾特制的"篮子"或茧，幼虫会在里面变成蝴蝶或蛾子，成熟后会自己飞出来。

寄生生物

瘿蜂和橡树叶上的虫瘿

彩蚴吸虫的幼虫在蜗牛的触角里

绒茧蜂及蝴蝶毛毛虫上的绒茧蜂蛹

寄生生物利用另一种生物体（植物或动物）的资源来培育它们的幼体。瘿（yǐng）蜂在产卵时，将一种物质注入叶子中，使叶子长出虫瘿以保护和喂养它们的幼虫。同样，蜗牛是彩蚴（yòu）吸虫的中间宿主。当蜗牛吃掉彩蚴吸虫的卵后，会在体内孵化出一条幼虫，幼虫在蜗牛的内脏中生长，并经历多个发育阶段，然后进入蜗牛的触角并有节奏地蠕动，假装是毛毛虫。最后，幼虫被鸟挖出来吃掉，在鸟的消化道中，幼虫的寄生旅程结束。柔弱的绒茧蜂在蝴蝶毛毛虫的身体里产卵。发育中的绒茧蜂幼虫会吃掉它们的宿主，然后到外面化蛹。

果虫

苹果蠹（dù）蛾

樱桃实蝇

斑翅果蝇

水果可不仅对人类有吸引力，它也是许多昆虫幼虫的绝佳栖息地，这令果农十分烦恼。许多果肉的味道鲜美、营养丰富，还能为幼虫抵御天敌和天气变化。

来自动物世界的灵感

人类一直密切关注着动物的身体构造、行为、居所等,它们是人类世界的灵感宝库。人类从自然界中的动物身上学到方法,并开发出解决方案,这一过程被称为仿生学。在这里,你将了解到一些模仿动物而创造的建筑实例。

东门中心是位于津巴布韦首都哈拉雷的一座办公楼和购物中心,由津巴布韦建筑师米克·皮尔斯设计。这座建筑乍一看很普通,它的特点是仿照了白蚁巢中的自然通风系统。白天,建筑隔热并保持凉爽;晚上,当温度下降时,热空气通过烟道排到外面。

 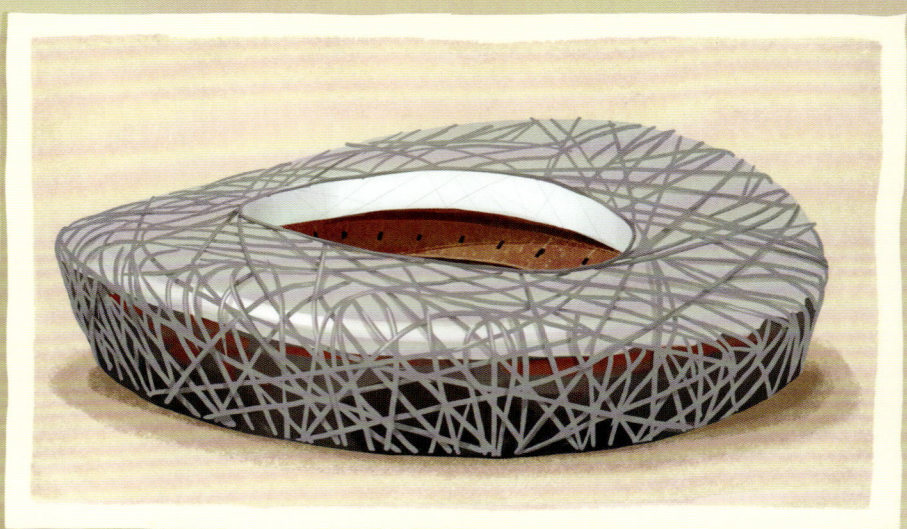

位于中国北京的国家体育场之所以被称为"鸟巢"是有原因的。这座梦幻的建筑让人想起了我们那些有翅膀的朋友和它们的家。

超高速列车驶离隧道时，总会发出轰隆隆的巨响。后来，日本新干线工程师们从翠鸟喙的形状中受到启发，让这个问题迎刃而解。翠鸟可以无声无息地潜入水中。同样，受翠鸟喙启发的新干线列车也可以几乎无声地通过隧道。

用黏土和稻草建造的房屋可能是受到动物建筑的启发。例如，燕子用泥土、唾液和碎草叶筑巢的方法给了人类灵感。

由六角形腔室组成的蜂窝状结构是用少量建筑材料获得极强结构的典范。人类成功地利用蜂巢结构来加固面板或门。

人类的"同居者"

苍蝇　蠼螋　蚊子　瓢虫　尘螨　地中海粉螟　家隅蛛

你有没有想过，有多少生物和你一起生活在同一个屋檐下？它们可能不像猫、狗或仓鼠那样陪在你身边，而是隐藏在你周围，你常常忽视它们的存在。看看家具后面，房间的角落，阁楼或各种柜子的缝隙，你可能会遇到黄蜂、苍蝇、飞蛾、蠼螋（qú sōu）或老鼠。自然界中，人们不能用肉眼看到所有生物，例如尘螨只能在显微镜下看到。虽然人们大都不喜欢这些生物的存在，但它们值得被观察。

保护森林——保护动物朋友的家园

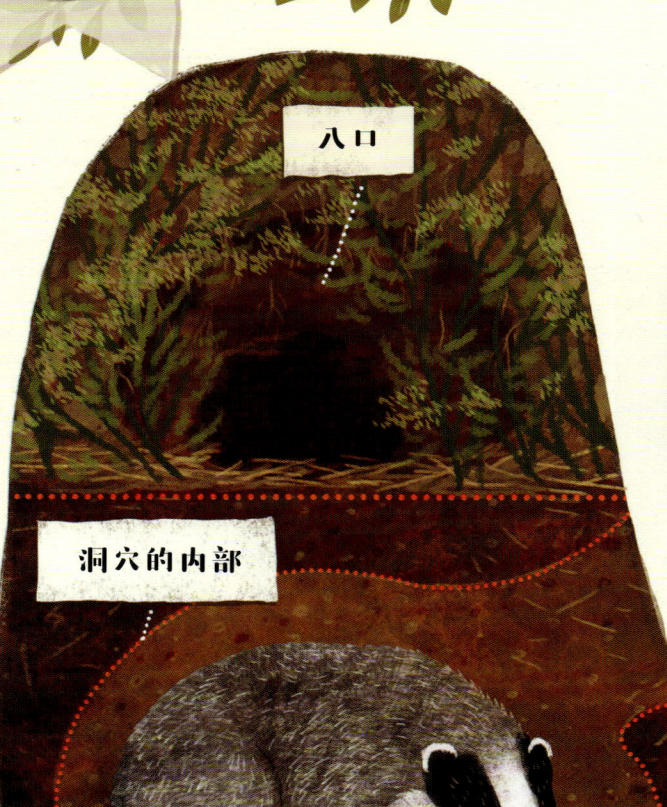

入口

洞穴的内部

獾的洞穴

洞的横截面

入口

狐狸的洞穴

隐藏在潮湿地方的草蛇和蛇蛋

熊窝

野猪的窝

野兔的草窝

狼的洞穴

松鼠的树洞

在这本书里，我们看到很多不同寻常的动物，它们的房屋和居所分布在世界的各个角落。其中，森林可能是最靠近我们的，那里有许多动物的家。我们知道熊窝是熊的冬季居所，也知道野猪的窝会随着季节变换位置。很多人都去看过松鼠囤积食物的地方，也有人观察过隐藏在树根里的狐狸洞。当我们在森林中漫步时，请记住我们是来这里参观的。请不要制造噪声，不要乱扔垃圾，不要打扰森林居民的安宁。让我们尊重森林，并尽可能保持它的原样，因为那里是动物朋友们的家园。

图书在版编目（CIP）数据

动物建筑师 /（波）艾米丽娅·齐乌巴克著、绘；
俞佳译. — 北京：中国轻工业出版社，2023.9
ISBN 978-7-5184-4433-5

Ⅰ.①动⋯ Ⅱ.①艾⋯ ②俞⋯ Ⅲ.①动物—儿童读
物 Ⅳ.①Q95-49

中国国家版本馆CIP数据核字（2023）第085618号

版权声明：

Published in its Original Edition with the title *Co budują zwierzęta?*,copyright for text
and illustrations © by Emilia Dziubak
Published by arrangement with Wydawnictwo "Nasza Ksiegarnia",Poland
This edition arranged by Himmer Winco
© for the Chinese edition: CHINA LIGHT INDUSTRY PRESS LTD.

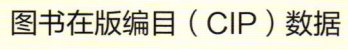

本书中文简体字版由北京永固兴码文化传媒有限公司独家授予中国轻工
业出版社有限公司。

责任编辑：巴丽华　　责任终审：高惠京
整体设计：梧桐影　　责任校对：吴大朋　　责任监印：张京华

出版发行：中国轻工业出版社（北京东长安街6号，邮编：100740）
印　　刷：北京博海升彩色印刷有限公司
经　　销：各地新华书店
版　　次：2023年9月第1版第1次印刷
开　　本：889×1194　1/8　印张：8
字　　数：100千字
书　　号：ISBN 978-7-5184-4433-5　定价：98.00元
邮购电话：010-65241695
发行电话：010-85119835　传真：85113293
网　　址：http://www.chlip.com.cn
Email：club@chlip.com.cn
如发现图书残缺请与我社邮购联系调换
210692E1X101ZYW